Der Stein der weisen buchen

Alchemie

STEVEN SCHULE

HAFTUNGSAUSSCHLUSS

WIDMUNG

Diese schriftliche Arbeit widmet sich die moderne Generation von wissbegierige und wird durch die Hand der Zeit beeinflusst. Es ist ein alchemistischer Traktat auf die großartige Arbeit von Sonne und Mond oder die Trennung und Verbindung davon rechtzeitig Anteil, wie es im Einklang mit der Natur geschieht.

INHALT

BESTÄTIGUNGEN

Als große und ehrwürdige Vater der Lichter, die uns in den smaragdgrünen Tabletten gesagt hat, es hat seine Geburt auf der Erde, der Wind (Wasser) hat es in seinem Bauch, seine Stärke es erwerben im Feuer, und daraus das einzige doth kommen alle Dinge durch Anpassung durchgeführt.

Salz zum Kreuz.
S.A.S. 2016.

www.howtomakethephilosophersstone.com

1 EINFÜHRUNG

In der antiken Welt der Alchemie gab es zwei Arten von Menschen, wer kannte die Geheimnisse der Kunst und diejenigen, die nicht. Diese beiden Klassen von Personen in der Bibel als die Unwissenden und weisen beschrieben wurden und dies wurde auch durch das Erwachen von Adam und Eva, als sie der verbotenen Frucht des Baumes der Erkenntnis von gut und Böse verbraucht, symbolisiert. Es ist geschrieben worden, dass die Hirten neigen, ihre Herden von Schafen dazu, dass diejenigen, die verboten ist, solche geheimes Wissen teilhaben, um die Trennung der Klassen für zu halten, wenn alle gleich wären, dann gäbe es keine Könige oder Königinnen über die untere Welt herrschen. Im Laufe der Geschichte wurden geheime Treffen der geheimen Gesellschaften geprägt von Symbolik, die überall zu finden ist. Eine geheime Tasse, einen geheimen Drink trinken Bruder und live war das Motto der Eingeweihten. Jesus beim letzten Abendmahl hält ein Holzbecher, der Heilige Gral für alle zu sehen, aber nur von den Weisen verstanden. Die Auserwählten oder die beleuchtete. Die uralte Wissenschaft fallen sehr viele Themen wie Medizin, Wissenschaft, Metallurgie, Mathematik, Astrologie, Astronomie und mehr. Hermes Trismegistos hieß den Vater der Wissenschaft und war eine Schlüsselfigur in der Weiterentwicklung der hermetischen Kunst sein gutgeschrieben. Die alten Ägypter das Ankh als ihr Symbol für das ewige Leben genutzt, weil sie glaubten, dass Mann gedacht war, für immer Leben in vollkommener Gesundheit ohne Krankheit oder Tod. Diese Theorie zeichnet sich durch den Baum des Lebens, der in der Bibel geschrieben steht. Es gibt einige, die glauben, dass die mächtigen Eiche seit Tausenden von Jahren und weitere, die Leben kann, denn Gott erschuf alles gleich zu wachsen und in wie Art, multiplizieren, also auch bei uns und bei allen anderen Dingen, einschließlich der Metalle und die Stones sein sollte. Ewiges Leben geprägt von dem Baum des Lebens und symbolisiert durch einen geheimen Garten

Eden für die gewählte nur wenige, die einen Weg gefunden, oder anderweitig genannt initiiert, beleuchteten diejenigen, die die Erde als "Götter" sich einfach mehr als nur Sterbliche zu gehen weil sie verfügen über wissen, das seit Tausenden von Jahren von anderen zurückgehalten wurden. Jesus hieß Zimmermann gewesen zu sein, und fast jeder weiß, dass sie mit Holz arbeiten. Er soll auch das Land, die auf wundersame Weise Heilung der Kranken mit einer Menge von weißlichen Farbpulver gereist sind. Der primitive alchemistische Prozess begann mit einer einfachen Formel von Feuer und Wasser Angelegenheit handeln. Dies wurde auch gesehen, wenn verschiedene Indianerstämme Kanus gebaut, in denen sie einen umgestürzten Baum auswählen und benutzen Feuer, um es vor mit Wasser abschrecken aushöhlen würde. Sie würden dann kratzen die verkohlten Teil und den Vorgang wiederholen, bis das Kanu geformte und einsatzbereit war. Sie fand es viel einfacher, das Holz mit Feuer als mit das Handwerkszeug des gemeinsamen Arbeiter geschnitten und das ist Alchemie, die alte Formel von Feuer und Wasser. Das sind interessante Punkte zu überlegen, wie wir, während der Rest des Buches vorankommen.

Steven Schule. 2016.

2 ALTE MEDIKAMENTE

Der Baum des Lebens.

Alten Alchemisten glaubten, dass Krankheiten und Krankheiten des Körpers nur eine Nebenwirkung oder ein Symptom eines Ungleichgewichts der Individuen Ph, während Fragen im Zusammenhang mit den Geist mit Ammoniak im Gehirn oder den Blutkreislauf verbunden waren. Sie glaubten auch an eine Medizin, eine universelle neutralisieren Säure oder auch Ammoniak und bringen uns zurück zu einer alkalischen Ph-Balance, so dass der Körper könnte heilen oder sich durch die Generierung von neuen Zellen zu reparieren. Diese "Medizin" hieß es dazu führen, dass eine Stärkung der Gliedmaßen (Knochen) und wurde auch gesagt, durch die Tatsache bekannt werden, die es bewirkt, dass die Pflanzen zu blühen. Sie glaubten, dass vielleicht waren wir nie zu welken und sterben, sondern um weiter zu wachsen, wie die mächtigen Eiche, hier im Garten, der für uns gebaut wurde. Im Laufe der Jahre habe ich Geschichten von Nahtod-Erfahrungen die brillante weiße Lichter enthalten und Geschichten von Herrlichkeit und Pracht gehört. Ich habe Neuigkeiten, wenn ich ein Kind von ungefähr fünf war oder sechs Jahre alt, die meine Großmutter auf einem Roadtrip me to Tehachapi took weil sie betrachten wollte zum Verkauf in der Hoffnung Grundstücke, ihr Traumhaus zu errichten, für ihren Ruhestand. Um eine lange Geschichte kurz zu machen, werde ich gleich auf den Punkt der Sache bekommen. Da traf sie mit dem Verkaufspersonal blieb ich auf dem Spielplatz die diese hoch Metall Folien, die typisch für den frühen bis mittleren siebziger hatte. Eine ältere Kind klopfte mir aus der Folie und ich landete auf meinem Rücken auf dem Sand, traf ich die Rückseite von meinem Kopf auf die konkrete Fußzeile für eine aufrechte Stütze. Die Welt begann sich zu drehen und dann verblasst alles schwarz. Ich wachte auf drei Tage später im Krankenhaus und meine Großmutter saß neben meinem Bett. Sie sagte, ich hatte eine Gehirnerschütterung von schlug meinen Kopf auf dem Beton bekommen, aber mein Herz hatte aufgehört, als ich auf meinem Rücken gelandet. Sie erzählte mir, dass mit der Zeit kamen die Sanitäter mein Herz nicht schlagen war, ich hatte keinen Puls, ich war auch nicht zu atmen. Ich war völlig unempfänglich und sie teilte ihr mit, dass ich tot war. Meine Großmutter war hysterisch, sie versuchten alles, was sie konnten, und gelang es Ihnen, etwas Gutes zu tun, scheint es, weil ich drei Tage später aufwachen. Viele Jahre vergingen und ich dachte zurück an diese Zeit erinnern, was geschehen war. Ich fing sogar an andere Ereignisse zu beschreiben, wann immer ich Leute reden über die Personen im Fernsehen hörte, beschreibt das Leben nach dem Tod oder Nahtod-Erfahrungen und so weiter. Nach was ich durch mein Verständnis ging ist, dass ich auf die andere Seite und zurück kommen. Was ich sah, war nichts, Schwärze, leere, einen völligen Mangel an Existenz. Diese Zeit ist vorbei, es war nichts da, die mich zu der Erkenntnis, dass gebracht, sollen wir das ewige Leben zu finden, die uns in der Bibel verheißen ist, die es vor Tod kommen müssen und nicht nach da ist der Tod das Gegenteil von Leben. Alles, was wir im Tod, ist genau das Gegenteil von dem, was wir im Leben, Yin und Yang, weiß und schwarz, Licht und Dunkelheit hatte. Die ewigen Schlaf des Todes oder das Geschenk des ewigen Lebens. Alchemisten hatten ein Interesse an der mächtigen goldene Eiche. Für seine Stärke, seine Langlebigkeit und das kontinuierliche Wachstum. Die goldene Eiche, die goldenen Soma. Eines morgens, das ich wachte auf und bereit, zur Arbeit gehen, bemerkte ich etwas anderes an diesem Tag meine Knie weh und sie fühlten sich wie Knochen gegen Knochen. Die Gelenke nicht richtig arbeiten wollen, und ich konnte hören, Klick Geräusche, wenn ich versuchte, nach oben oder unten das auch ziemlich schwierig war. Dies hatte auf kommen schnell und unerwartet war. Ich fing an zu kümmern, ich gelähmt werden würde? Wäre ich in der Lage zu funktionieren und um mich kümmern? Dies veranlasste mich, das Thema Online-Forschung und das erste, was, das ich während einer Internetrecherche stieß die meine Aufmerksamkeit gefangen, ist, dass schmerzende Gelenke und vor allem die Knie ist ein Zeichen für ein nicht ordnungsgemäß funktionierende Leber. Ich wusste, dass, als ich geboren wurde, mein Körper erstellt, was es benötigt, Knochen, Knorpel, lebenswichtige Organe, Hirnsubstanz usw. Ich merkte schnell, dass wenn meine Leber nicht richtig funktionierte, hielt es mein Körper die Fähigkeit zu regenerieren und zu sich selbst zu reparieren, wie die Natur vorgesehen hatte. Meine Forschungen gezeigt, dass die Leber angeblich neue Zellen, um sich selbst in einen Zeitraum von drei Monaten zu reparieren regenerieren konnte. Ich legte die alkoholischen Getränke, ich trank Eiswasser mit frischen in Scheiben geschnittenen Zitronen. Ich ging zu zwei verschiedenen Vitamin speichert um Ergänzungen sowie Bestellung einige online die tragen nicht zu bekommen. Ich begann mit Milch-Distel-Pillen, die angeblich gut für meine Leber, wählte ich auch Hai-Knorpel-Pillen, Fischölkapseln und Echinacea-Kräuter-Tee. Ich fing an, mein Fahrrad wieder so gut zu fahren. Zuerst eine Runde um den Block, dann zwei, dann drei... Meine Knie fühle mich großartig. Ich habe zu hören, über andere, die Chirurgie kann stattdessen verlassen Narbengewebe. Ich habe meinen Glauben in Mutter Natur zuerst, und sie hat mich nicht enttäuscht. Die Moral von der Geschichte ist das, ich nehme an, dass mein Körper gemeint ist, sich selbst zu heilen! Meine arthritischen Knie waren nur ein Nebeneffekt eines zugrunde liegenden Problems! Fast hätte ich vergessen zu erwähnen eine der Ergänzungen, die ich gekauft und es ist eines meiner größter Favoriten, Korallen Kalzium, das gerüchteweise verbreitet wird, helfen den Körper obendrein eine große Quelle von Kalzium in meiner Meinung nach mit Sauerstoff. Sauerstoff... der Atem Gottes! Wenn ich halte biblischen Konten von Menschen angeblich Leben seit tausend Jahren oder mehr ich betrachte die Tatsache, dass die Luft und die Qualität des Wassers in ihrer Zeit so viel besser gewesen sein müssen. Nein Tausende von Autos stecken im Feierabendverkehr verbrennt meine kostbaren Sauerstoff-Versorgung, kein Fluorid und Geburtenkontrolle buchstäblich meine Armaturen gepumpt wird. Und dann gibt es die biblischen Schriften, die uns nicht zu essen, Sauerteigbrot, anweisen, Sauerteig bedeutet Hefe ist ein lebender Organismus, die ernährt sich von Zucker zu Alkohol zu schaffen. Ich halte die Bibel richtig zu wollen, das nicht in unserem Körper. Er sagt auch nicht, gespalten Ursäuger Schweine, Mikroorganismen zu essen?, Parasiten?, Würmer? Ich möchte auch etwas zu erwähnen, die ich vor kurzem entdeckt, Kartoffeln und Tomaten sind Mitglied der Nachtschatten-Familie von Pflanzen. Nachtschatten ist giftig. Kartoffeln und Tomaten sind aber nur sehr leicht giftig, aber aus diesem Grund raten viele Heilpraktiker um nicht zu essen, keine mehr Pommes Frites mit Ketchup, Kartoffelpüree, Kartoffelsalat, etc.. Ich entwickelte Krampfadern frühzeitig im Leben Teil das ich bin sicher empfangen eine Verbrennung dritten Grades, aber nicht alles davon liegt. Ich habe ein begeisterter Kaffeetrinker für viele, viele Jahre jetzt gewesen. Ich trinke es kann morgens, mittags, abends oder sogar nachts. Ein Kännchen Kaffee ist genug für mich zum Frühstück. Habe ich beschlossen, mit dem Trinken aufzuhören, aber nach sechs Stunden mein Geist und Körper sagte Geck, zur Hölle nein! Ich fühlte mich wie mein Gehirn geschrumpft war, offenbar ist es jetzt ein Schwamm für Koffein. Schließlich erweist es diese langjährige über frönen eine harte Gewohnheit zu brechen. Meine Forschung zeigt, dass Blutgefäße sind nicht belastbar, ich glaube nicht, dass sie Elastizität zu ihnen haben, was bedeuten, wenn sie ausgestreckt sind, sie nicht zurück zu ihrer ursprünglichen Größe oder Form zurück. Kaffee enthält Koffein, das Blut pumpt wird, volle Kraft voraus Kumpel, aber was passiert, wenn die Wirkung nachlässt? Meine Blutgefäße bleiben locker und ausgestreckt?, ich denke schon. Wenn diese Hypothese richtig ist dann würde es mein Herz-Kreislauf-System nicht negativ beeinflussen? Zumindest das Koffein pumpt meine Korallen Kalzium im ganzen Körper. Ist, dass ich derzeit single bin esse ich meist mikrowellengeeignet Fertigpackungen gefrorenes Zeug. Dies hat zu Ohren gekommen, weil ich kleine Wucherungen auf der Rückseite von meinem Kopf immer. Krebs kommt in den Sinn und aus irgendeinem Grund mein Instinkt sagt mir, die Mikrowelle zu betrachten. Nun, lassen Sie uns zurück zu alten Medizin. So seien die Alchemisten von vor langer Zeit geglaubt haben, in eine universelle Medizin, eine goldene Elixier, eine goldene Soma. Der biblischen Baum des Lebens fällt mir hier, wo dieses Ding ist?, was dieses Ding ist? Lassen Sie uns beginnen mit dem ersten Wort der zugehörigen Beschreibung, Baum. Wie ein Schlag in das Gesicht könnte es so einfach sein? Die alten Weisen schrieb über ihre golden Bough, ihrem goldenen Zweig, sowie eine goldene Soma oder eine goldene Elixier. In ihren Rätseln liebten sie tanzen herum und deuten auf die Eiche. Eine vor allem in meinem Kopf, die goldene Eiche. Ich schöpfte Asche aus meinem Kamin, (Eiche Asche), ich zu Pulver gemahlen und gebacken mit einer Kasserolle in meinem Ofen. Meine Absicht war es, die Asche in der Hitze durch Abbrennen von brennbaren Verunreinigungen zu reinigen. Ich legte die gekühlten Angelegenheit in meinem Kaffeetopf mit ein paar Filter gestapelt und wie Kaffee gebraut. Das Wasser, das den Topf gefüllt war eine goldene Farbe, ich etwas davon ins trockene eingedampft und blieb mit einem weißen Pulver. Das basische Salz der Kali ist ein interessantes Thema, wenn wir tief in den Schriften, die in diesem Abschnitt vor uns lag. Die alten Alchemisten gewarnt, dass zuviel (übermäßigen) ihr Geheimnis "Elixier" würde den Körper Feuer und den Geist Auspuff. Meine eigene persönliche Hypothese ist, dass zu viel Kalium wahrscheinlich einen Herzinfarkt verursachen könnte. Ich habe bemerkt, dass wenn ich streue Asche in meinen Garten es scheint die beste pflanzliche Nahrung, die ich je gesehen habe, es bewirkt, dass die Vegetation in meinem Garten gedeihen, üppig und grün. Ich streuen rund um Holzasche und warten Sie, bis Mutter Natur, Regen zu bringen. Regenwasser und Asche verursacht meine Pflanzen gedeihen. Im ersten Jahrhundert vor zweitausend Jahren schrieb Plinius der ältere, Historia Naturalis die meiner Meinung nach bedeutet Naturgeschichte. Zweitausend Jahre führt uns weit zurück in die Tiefen der Alchemie. Was ein toller Ort, um Einblicke in die Wissenschaft zu graben! Die Schriften sind natürlich scheinbar nie endenden aber ergab ein Juwel. In jenen Zeiten Pliny vorgeschlagen, dass man dein Herz deiner Hausapotheke werden lassen könnte. Ein Herd ist ein Kamin und was enthält es aber Holzasche? Archäologen haben alte Gladiator Knochen aus der Römerzeit entdeckt. Während des Studiums die Reste um festzustellen, was ihre Ernährung gewesen sein mag, wurde festgestellt, dass sie ein medizinisches Getränk der Asche aus der Feuerstelle mit Wasser gemischt getrunken. Ich glaube, dies ist auch reich an Strontium. Berichte deuten darauf hin, dass dieses Getränk Geschwindigkeit Erholung von Wunden geholfen und ihre Gebeine auch berichtet wurden, um stärker und Dichter als die von normalen Menschen jener Zeit gewesen. Ich erinnere mich, dass Jesus angeblich das Land ging, die Kranken zu heilen, er sei ein Zimmermann gewesen zu sein und sie mit Holz arbeiten. Einige Leute glauben, dass er einen Beutel mit weißem Pulver, die er hinzugefügt hatte, um Wasser, (das Wasser in Wein verwandelt). Ich habe einige Meinungen gehört, dass der Heilige Gral Jesus Cup ist, und, dass es angeblich war aus Holz. Ich glaube, dass er in das Bild des letzten Abendmahls zu solch einer Tasse für die Welt zu sehen halten kann. Holz, Feuer und Wasser, ein Getränk, Medizin, Alchemie. Vielleicht ein Geheimnis nur für diejenigen, die Augen haben zu sehen bedeutet? Werfen wir einen Blick auf was Moses zu sagen hat, sollte er nicht etwa 986 Jahre lang gelebt haben?

EXODUS 32:20 ENGLISH STANDARD VERSION.

Er nahm das Kalb, sie hätten gemacht und mit Feuer verbrannt und zu Pulver gemahlen und es auf dem Wasser verteilt und machte das Volk Israel es trinken.

Meines Erachtens, dass vor langer Zeit, in der vergessenen Ära vor Videospielen erfunden wurden, einige Leute verwendet, Figuren aus Holz zu schnitzen.

Das Salz der Welt?, das Salz der Erde?.

Matthew 5:13King James Version (KJV)

13 Ihr seid das Salz der Erde: aber wenn das Salz seinen Geschmack verloren haben womit soll es gesalzen werden? Es ist fortan gut für nichts, sondern ausgestoßen zu werden, und unter dem Fuß der Männer getreten werden.

John 4:13-14King James Version (KJV)

[13] Jesus antwortete und sprach zu ihr: Wer von diesem Wasser drinketh wird wieder dürsten:

[14] Aber wer des Wassers drinketh, die ich ihm geben werde, wird nie Durst; aber das Wasser, das ich ihm geben werde in ihm ein Brunnen des Wassers in das ewige Leben sprießen.

Ich möchte jetzt meiner Meinung nach auf den Baum der Erkenntnis von gut und Böse. Der Baum, von dem Adam und Eva angeblich um von der verbotenen Frucht gegessen haben. Verboten, verboten, verboten, illegale, verfolgten, strafrechtlich verfolgt, vertrieben aus dem Garten Baby, Hände weg von.

Genesis 2:16-17King James Version (KJV)

[16] Und Gott der HERR Gebot dem Menschen, sagen, von jedem Baum des Gartens du magst frei zu essen:

[17] Aber von dem Baum der Erkenntnis von gut und Böse, du sollst nicht davon essen: denn in den Tag, an dem du davon reichen du sterben sollst.

Ich werde mein Verständnis dieser Angelegenheit in einfachen Worten zu teilen, Cannabis ist kein Werk, es ist ein Baum. Ich habe die Bäume groß und hoch, und mit Rinde darauf gesehen. Welche Pflanze wächst achtzehn oder mehrere Fuß hoch mit dicke Rinde drauf? Ein Baum. Forscher sind nun theoretisieren, dass Cannabis Neurogenese bewirkt, die Fähigkeit des Körpers dass, seine eigene beschädigte Gehirn zu reparieren, indem Sie neue Zellen wachsen wird. Erinnert mich an meine Leber und meine Knie, die wir früher behandelt. Verbrauch von der "verbotenen Frucht" scheint, Tiefe und profunde Gedanken zu stimulieren. Es gibt einige Personen gibt, die Hypothese auf, dass dieses Material möglicherweise heilenden Eigenschaften auf Dinge wie Krebs. Es wurde auch gemunkelt, dass diese Substanz möglicherweise die Fähigkeit, die durch übermäßigen Alkoholkonsum verursacht Hirnschäden zu reparieren. Lassen Sie uns Fortschritt nun zum nächsten Thema, das ich abdecken möchte.

Im Laufe der Geschichte diente Essig als Tonikum Arzneimittel oft mit solchen Dingen wie Kräuter, Gewürze, ätherische Öle, Knoblauch, Zwiebeln, Kurkuma oder eine Vielzahl anderer Dinge infundiert. Es wird topisch als auch intern eingesetzt. Ich trinke eine winzige Menge einmal in eine Weile in Eiswasser verdünnt, ich benutze auch manchmal ein wenig Apfelessig topisch auf meine Psoriasis. Ein weiteres Hausmittel, die ich versucht habe, ist ein wenig Backpulver in einem Glas Wasser. Ich vermuten, dass es vielleicht Alkalisierungsmittel oder vielleicht balancieren der PH. Ich vermute weiter, dass es Ammoniak in die Blutbahn neutralisieren kann, die natürlich nur meine Gedanken oder Meinung und stellt keine Beratung jeglicher Art.

Antike griechische Praktikern der Medizin wie Hippokrates (400 v. CHR.) hieß, Apfelessig mit Honig gemischt als Medikament für eine Vielzahl von Beschwerden zu haben. Essig war auch angeblich um 218 v. CHR. verwendet, um große Felsbrocken zu bröckeln. Ein Feuer entstand gegen die großen Felsen zu bekommen, sehr heiß und dann der Essig auf die Felsbrocken zu knacken verursachen gegossen wurde. Wasser und Feuer, Alchemie bei der Arbeit, ich hoffe, dass sie ihre Schutzbrille trug. Ich glaube, dass wir Cleopatra auflösen Perlen in Essig im Abschnitt über alchemistische Edelsteinen bedeckt haben. Es gab Gerüchte, dass Essig in die Reduzierung oder Beseitigung von Mikroorganismen nützlich sein kann.

Während der Zeit von Jesus war Essig auch Wein genannt, die in gesehen werden kann die Bibel und das ist interessant, weil es helfen kann, um bestimmte Verse aus diesem Buch zu verstehen. Im Mittelalter war Essig mit Knoblauch angereichert und verbraucht als ein medizinisches Getränk zur Abwehr von der Pest. In der heutigen Zeit nennt man angeblich vier Diebe-Essig. Essig wurde in der Vergangenheit als Antiseptikum zu reinigen und desinfizieren von Wunden eingesetzt. Die europäischen Alchemisten des Mittelalters waren auch bekannt, Essig in ihren alchemistischen Arbeiten bezüglich der Stein der Weisen verwendet haben.

Wie ein Baum lösliche Mineralien wächst und Nährstoffe sind oben hinein getragen durch die Einwirkung von Wasser, wo sie theoretisch innerhalb des Holzes gesperrt werden. Alchemisten glaubten, dass diese Bausteine der Natur könnte veröffentlicht werden und durch die Einwirkung von Feuer und Wasser getrennt. Schwärze kommt weiße, die weiße Taube.

3 DAS GEHEIME FEUER

In der Erforschung der Geschichte der Alchemie neigt man Verweise auf eine geheime Wasser stoßen, die geglaubt wurde, um oder führen die großartige Arbeit des Magnum Opus verlangt werden. Diese Substanz wurde gemunkelt, enthalten, was das geheime Feuer der Alchemisten genannt. In den Schriften von Theophrastus Paracelsus schlug er vor, dass dieses Wasser von den Apothekern seiner Zeit verkauft wurde. John Pontanus schrieb, dass er mehr als zweihundert Versuche bei der Erstellung von seinen Stein versagt hatte, bis er die schriftliche alchemistischen Werke Artephius die er gutgeschrieben Las für das geben ihm des richtigen Verständnis der Materie. Also, was ist dieses scheinbar schwer Wasser?

Aus den Schriften der Artephius, ARGENT VIVE.

Alchemisten gern über Symbolik, Geheimcodes und Anagramme wie Argent Vive kommunizieren. Ordnen Sie einfach die Buchstaben, um das Geheimnis zu lüften... VINEGARET. Essig in der modernen Terminologie.

Nicholas Flamels Brief an seinen Neffen erwähnt er seine Ratschläge zu diesem Thema (wissen, mit welchen Agenten Ihre "Merkur" mit angereichert werden muss, oder es werden als gemeinsame Wasser).

Weißer Essig ist meist destilliertes Wasser mit einer kleinen Menge an Essigsäure. Die Essigsäure ist das "geheimen Feuer", die im Wasser enthaltenen, das erforderlich sind, um die alchemistischen Opus Magnum durchzuführen war. In der heutigen Zeit ist dies einfach der Metall-Acetat Pfad bezeichnet.

Der geheime Schlüssel, der die Metalle entriegelt.

4 DER STEIN DER WEISEN

Der Begriff Stein klingt für die meisten Menschen als ob es ein Geheimnis und mystischen folgert Stein, während noch andere immer noch glauben, dass vielleicht es sogar mythischen in der Natur war. Wir beginnen diesen Abschnitt mit einer Beleuchtung von, was war die "Stein". Alchemie ist eine Studie und oder Replikation der Natur. Die einfache und alte Methode von Feuer und Wasser auf Materie wirkt. Alchemisten kannte drei grundlegende Bereiche der Arbeit, Pflanze, Tier und mineralischen reichen. Medikamente für Säugetiere wurden gesagt, um in den ersten beiden Königreichen und Tinkturen für Mineralien wie Metalle gefunden werden und Edelsteine wurden geglaubt, um letztere zu entnehmen. Die Methode des Arbeitens in dem Reich der Mineralien hat in der heutigen Zeit der Metall-Acetat-Pfad aufgerufen wurde. Metallische Erze wurden bearbeitet durch die alten Salbei mit Essig giftige Metall Acetate zu produzieren, die in sogenannten hypothetisch Philosopher es Stones waren weiterverarbeitet wurden. Da gibt es mehrere metallisches Erz, das mit dem Metall Acetat-Pfad vereinbar sei, gab es mehr als einen Stein der weisen. Es gab so viele verschiedene Steinen gibt es solche kompatibel Erze. Jeder "Stein" hatte seine eigene Farbspektrum gemäß der Mineralgehalt des Erzes. Einige Erze möglicherweise schwieriger zu brechen, so dass sie kompatibel mit den trockenen Weg konnten die begann gewesen sein mit dem Rösten. Ich glaube, es ist wichtig zu beachten, obwohl in diesem Abschnitt geht es nicht um Techniken oder Methoden jedoch Rösten Erze produziert was hieß den giftigen Atem des Drachen tötet oder tötet alles in seinem Weg. Versuchen Sie nicht, alle diese Dinge zu Hause, atmen Sie keine Dämpfe nicht ein, nicht konsumieren Sie irgendwelche Substanzen. Dieses Buch ist geschrieben für historische Referenzzwecke nur und erhebt keinen Anspruch auf Beratung jeglicher Art darstellen. Es also theoretisch könnte so viele verschiedenen Philosophen Steinen gibt es metallische Erze kompatibel mit dem Metall Acetat-Pfad. Alchemisten erfunden Farbstoffe für viele Dinge wie z. B. Glas, Stoffe, Geschirr, Platten, Tassen, Becher, Wandteppiche und laut Legende Metalle sowie Edelsteine. Jeder Stein hatte seine eigene Farbspektrum, wie wir bereits erwähnt haben. Ein Beispiel hierfür wäre rot für Eisen (Mars) beim Eisen und Schwefel (Eisen Pyrit) bezieht sich auf die Farbe des Goldes. Nach alchemistischer glauben unterstützt der Alchemist Natur bei der Erstellung von ihren Steinen, die Materialien bearbeitet wurden durch Farbspektrum gemäß der Absicht jedes einzelnen Künstlers ausgewählt. (Was soll sie ihren Stein für verwenden). Und die Grundidee war, dass diese Farbe für alchemistische Edelsteine sowie Transmutation (Verschmelzung) von Metallen zur Verfügung gestellt. Es gibt einige, die glauben, dass wenn Natur Edelsteine in der Erdkruste, die erstellt die Farbe von kaputt kommt oder metallische Erze abgebaut. Dies ist interessant, weil viele Hard Rock gold Miner glauben, dass Gold oft in Limonit Venen gefunden wobei Eisen-Pyrit-Kristalle zerlegt haben. Also vielleicht soll die Praktiker der antiken Wissenschaft die Arbeit der Natur schaffen und oder Färbung, Metalle und Edelsteine zu verfolgen. Eine andere Überzeugung war, dass alles absteigen oder in Richtung Gold im Laufe der Zeit weiterentwickeln und das ist interessant, wenn ich mir pyritisierten Fossilien anschaue. Pyrit Sonnen (die alchemistische Sonne klingt vertraut hier) Pyrit Schnecken, Pyrit Eiern usw. zerlegt Pyrit-Kristalle in Limonit Adern, Gold.

Einige Personen wie an den Stein als ein Salzkristall denken und die Arbeit zu grundlegenden Kristallzüchtung vergleichen.

Dies scheint die Sache zu vereinfachen.

5 DIE GUALDUS NASSEN WEG

Verreibung - To Grind zu einem feinen Pulver, so fein wie die
Maler die Farben mahlen. Kredit - Theophrastus Paracelsus.

Die versiegelten Mikrokosmos des Alchemisten. In der modernen Terminologie könnte dies ein Ökosystem bezeichnen. Die Angelegenheit wurde zu Pulver gemahlen und in die Retorte (ein Teil). Der Essig wurde (zwei Teile) hinzugefügt. Alchemisten gern die großartige Arbeit im Frühjahr und Fortschritte in den Sommermonaten im Einklang mit der Natur zu beginnen, so dass keine externe Wärme benötigt wurde. Raumtemperatur oder Sonnenlicht für eine solare Destillation. Als Flamel sagte, die Wärme eines Huhns schlüpfen. In den Wintermonaten, die einige Alchemisten ihr Schiff unter ihr Haus in der Erde begraben, bei Verwendung der Methode ein Schiff, verwendet andere frischen Pferdemist, warme Asche, auch Lauge, um das Glas warm oder in der Nähe von Körpertemperatur zu halten. Die Arbeit ging langsam und natürlich auflösen, extrahieren, subliming, Umlauf, verherrlichen, destillieren. Der Agent und der Patient, die flüchtigen und die feste.

Als Essig Angelegenheit in der Retorte aufgelöst begann, die natürlich vorkommende Schwefelsäure in der Eisen-Pyrit freizugeben. Diese klare Flüssigkeit hieß das Blut des grünen Löwen (Eisen Sulfide) und wurde durch die Hand der Natur sanft das Ruder mit weißem Essig destilliert, Alchemisten gewarnt, dass der Therapeut setzt nur die richtigen Bedingungen, die Natur macht die Arbeit ohne das Auflegen der Hände. In der Retorte kam die Farbe ändert sich mit fortschreitender Arbeit. Schwarz, weiß, gelb, die Pfauen Schweif, und rot.

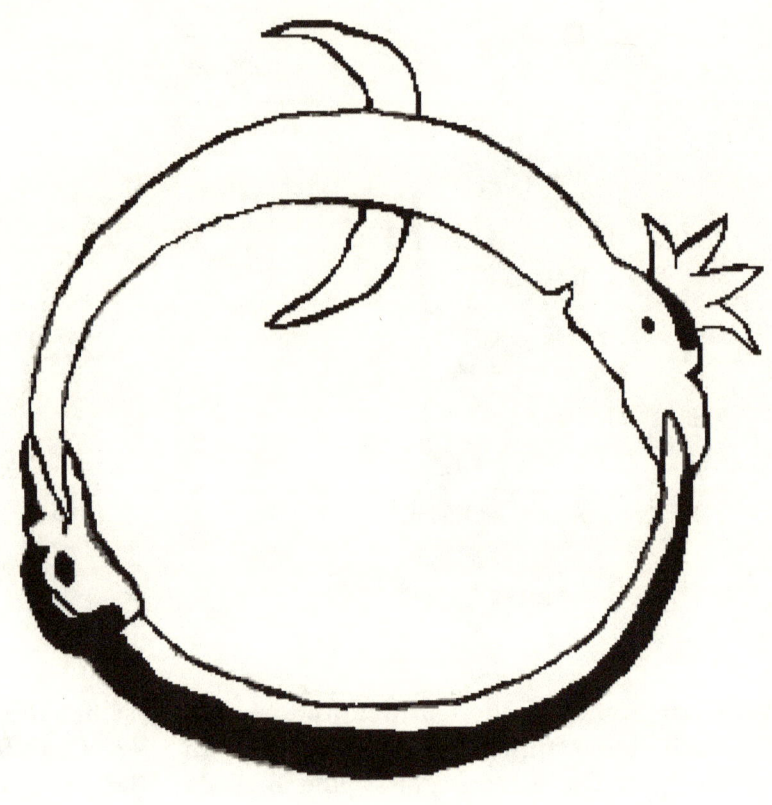

Was die Ourobos bedeutet, die feste Eisen Pyrit im Behälter unten, ist den flüchtigen Essig verlassen die Angelegenheit und das Ruder der Retorte, es im Kreis weil es immer und immer wieder zurückkehren werden. Wenn das trockene Land erscheint, (der Pyrit ist trocken) der Essig in das Gefäß ist zurück auf der Eisen-Pyrit ausgegossen. Jedes Mal passierte abgeschlossene diesein Drehen des alchemistischen Rades. Bei jeder Wiederholung der Essig mehr Schwefelsäure von der Materie aufgelöst wird, nimmt dieser Multiplikation oder Erhöhung (Zirkulation) setzte bis all die "Gold" (Schwefelsäure) das Ruder übernommen ging. "Merkur" von sieben Adler hieß es auf den Mond (produzieren den weißen Stein) beeinflussen, "Merkur" von zehn Adler soll macht haben, die Sonne calcine, (finish Verherrlichung der Pyrit in den Stein der weisen). Wenn der Essig die Schwefelsäure das Ruder in die Urne die alten Alchemisten übernommen hatte dann nannte es "unsere meisten scharfen Essig", oder "gut betätigt Quecksilber".

Betätigt = aktiviert. Die Flüssigkeit wurde stärker und stärker mit jeder Umdrehung des Rades alchemistischen. "Brennen" oder "Kalzinierung" das Thema "Wasser" nicht ausgelöst. Daher Brennen der Begriff Alchemisten mit Wasser nicht Feuer. Eine philosophische Kalzinierung in der "nassen Weg".

Dieses Ourobos steht für die großartige Arbeit von der Sonne und Mond, König und Königin, die flüchtigen und die feste.

Jeder Kreislauf erhöht angeblich die Angelegenheit weiter.

6 DIE SENDIVOGIUS-METHODE

Ein Schiff. Nassen Weg.

Die Angelegenheit wurde zu Pulver gemahlen und in das Gefäß gebracht. Der Essig wurde hinzugefügt und oben mit eine atmungsaktive Staubabdeckung, Verdampfung auftreten, wobei Insekten oder Staub heraus zu lassen. der Essig löst, extrahiert und sublimiert die Angelegenheit. Bei dieser Art von alchemistischen Sublimation gelöste Substanz steigt in die Flüssigkeit und hält sich an die Seiten des Glases im oberen Teil, während die Verunreinigungen auf den Boden des Glases sinken. Bei Trockenheit war der Eisen-Pyrit benetzten wieder mit frischen Essig und dabei elf Mal wiederholt. Die erste Frage der Metalle (Flamels mercurial sublimieren oder den weißen Stein) stecken hypothetisch auf das Glas zuerst in den letzteren Imbibitions, die das feste Salz (alchemistischen Samen des Goldes) schließlich aus dem Erz abgebaut erschien. Die beiden mischte sich in das Wasser während der letzten Imbibitions verlassen der Philosoph "Steins" klebte an den oberen Teilen des Glases wo es abgeschabt werden kann nach dem trocknen gelassen werden. Es wurde gesagt, ein weiterer Schritt nach der mercurial sublimieren oder "Jungfrauen Milch" wurde gesammelt und es hieß Inceration, der war zu das Thema "reparieren" und es wie Wachs schmelzbare rendern, so dass es das Feuer standhalten würde, und dies in der Hitze geschah. Jetzt lassen Sie uns verstehen Sie dies in Sendivogius Worte aus dem neuen chemischen Licht.

Die erste Frage der Metalle ist zweifach, und eins ohne das andere kann eine Metall erstellen. Die erste und wichtigste Substanz ist die Feuchtigkeit der Luft vermischte sich mit Wärme. Diese Substanz die Weisen haben Quecksilber genannt, und in der philosophischen See unterliegt die Strahlen der Sonne und der Mond. Die zweite Substanz ist die trockene Wärme der Erde, die Schwefel genannt wird.

Sein Aussehen ist das ölige Wasser festhalten an allen reinen und unreinen Dingen; Doch an einigen Stellen mehr gefunden wird reichlich als in anderen denn die Erde offen und durchlässig in einen Platz als in einem anderen, und hat eine größere Magnetkraft. Wenn es wird manifest, ist es in einer bestimmten Gewand, vor allem an Orten, wo es nichts hat zu hängen, gekleidet. Es ist durch die Tatsache bekannt, dass es drei Prinzipien besteht; aber als metallische Substanz ist es nur eine ohne sichtbaren Anzeichen von Verbindung, außer dem, was sein Gewand oder Schatten, genannt werden kann Schwefel.

Die Metalle werden auf diese Weise hergestellt: Nachdem die vier Elemente ihre Macht und Ihren Tugenden zum Mittelpunkt der Erde projiziert haben, sind sie, in den Händen der Archeus (Wasser) der Natur dann destilliert und durch die Hitze des Perpetuum Mobile auf der Oberfläche der Erde sublimiert. Denn die Erde porös ist, und die Luft durch Destillation durch die Poren der Erde in einem Wasser gelöst ist, aus dem alle Dinge entstehen. (Archeus ist Essig).

Der Künstler trennt nur was ist subtil aus seiner gröberen Elemente und legt es in das richtige Schiff. Natur tut ihr Übriges. Aus einem entstehen Sie zwei, und aus zwei entstehen Sie einer.

INCERATION.

Die "Jungfrauen-Milch", die aus den besseren Teil des Steins zum Ausdruck kommt ist dann sorgfältig aufbewahrt in einem ovalen destillieren Gefäß aus Glas und wird von Tag zu Tag wundersam durch die beschleunigende Feuer geändert.

Kredit, Michael Sendivogius.

Dies schließt den Sendivogius nassen Weg.

7 DIE FLAMEL TROCKENEN WEG

In den nassen Weg der Alchemie, welche wir bereits untersucht haben der Alchemist zuerst ihr "Feuer" in ihr "Wasser" gekocht und gebraten dann später die Angelegenheit, die Inceration genannt wurde. Die trockene Weg der Alchemie ist dasselbe, aber die Schritte einfach umgedreht wurden und es auch gesagt wurde, um viel schneller zu sein. Die trockene Weg wurde geglaubt, um mehr gefährlich sein, da der Alchemist ihre Erze, Rösten wurden, während die mehr nasse Methode angeblich ein besseres Endprodukt hergestellt. Während das Rösten des Erzes ändert sich die Farbe aufgetreten zeigt alle Farben von den Pfauen Schweif einschließlich, was hieß gebadet im Lila Glanz und das Feuer wurde fortgesetzt, bis die letzte feste rote "Schwefel nicht brennbar" erreicht wurde. Das Feuer brach die Angelegenheit und die brennbaren Verunreinigungen weggebrannt. Dies führte zu der rote Löwe, dann weiter bearbeitet wurde, indem man es in der Retorte ebenso wie die Gualdus-Methode und Sie dann fortfahren, um die Imbibitions mit dem Essig. Die alten Alchemisten der fuhr dann fort mit dem Multiplikationen oder Auflagen bis die Verherrlichung der Sache abgeschlossen war. Theophrastus Paracelsus bevorzugt die Alembic für die alchemistischen Opus Magnum (nass oder trocken-Methoden). Um dies zu vereinfachen, der trockene Weg war identisch mit dem nassen Weg außer die Angelegenheit gründlich zuerst geröstet wurde. Während die Auflagen wurden ändert sich die Farbe wieder gesehen. Flamel schrieb über den Tag, dass er endlich die Meisterschaft erreicht, war es durch einen bestimmten Geruch bekannt, die das ganze Haus gefüllt, das im Frühjahr ähnlich wie Geißblatt war.

Die trockene Weg der Alchemie wurde auch in der chemischen Hochzeit des Christian Rosenkreutz Vater durch die folgende Anweisung beschrieben, die einfach bedeutete der roten gerösteten Eisen Pyrit mit destilliertem weißen Essig zu kombinieren.

"Verbinden Sie den roten Mann mit der weißen Frau."

Nicholas Flamel wurde geglaubt, um die Geheimnisse der Alchemie nach einer Lebensdauer von sorgfältigen Studie entdeckt haben, es ist auch gesagt worden, dass sogar mit dem geheimen Wissen blieb er bescheiden Buchhändler und war bekannt für große Summen an Wohltätigkeitsorganisationen Spenden einschließlich Kirchen, Krankenhäuser, Wohnungen für Obdachlose. Sein Grab wurde gerüchteweise verbreitet, um leer gefunden wurden.

8 METALLISCHE TRANSMUTATION

Metallische Transmutation von Metallen hat von Forschern seit Jahrhunderten vorgesehen. Einige haben Kernfusion überlegte, während andere kalte Fusion betrachtet haben. Wissenschaftler haben vermutet, dass elementarem Schwefel ist der Kern des Atoms gold, einige äußerten ihre Meinung, dass wenn Metalle sind natürlicherweise in aktive Lava achtmal mehr Gold produziert werden könnte fließt, wenn Schwefel in der Gleichung vorhanden ist. Die alten Alchemisten experimentierte mit der Idee der Abbau der Metalle zu extrahieren ihr Salz und Schwefel-Prinzipien mit philosophischen "Merkur" (Essig). Eine Theorie besagt, dass vielleicht diese Salz und Schwefel Prinzipien waren verbunden oder verschmolzen werden zusammen, um einen Stein zu schaffen. Ich glaube, dass Transmutation alte Terminologie ist, in dieser modernen Zeit wir die Angelegenheit vereinfachen könnte, indem Sie nannte es Verschmelzung. In der primitiven Metallurgie diente Pottasche als ein Flussmittel, um Metalle sowie für Verschmelzung zu reinigen. Holzasche wurde kalziniert und zu Pulver gemahlen. Dieses Material wurde mit metallischen Erzen im Tiegel gemischt und geschmolzen vor wird in Formen gegossen und abgekühlt. Das resultierende Stück Metall war dann locker aus der Form und die Schlacke entfernt gechipt klopfte. Dieser Prozess wurde geglaubt, um das Metall durch die Trennung der Verunreinigungen in die Kali, die an der Spitze verfestigt zu reinigen. Dies scheint die Basis, die zu der Erfindung des Stahls (eine erhabene Form des Eisens) führen. Sobald das Metall von Unreinheiten gereinigt wurde war es bereit für Verschmelzung während dessen mehr des Flussmittels hinzugefügt werden konnte. Mein Verständnis ist, dass das Metall haben dann schon wieder in einem Tiegel mit dem Flussmittel über dem Holzfeuer geschmolzen würde, dann die geschmolzene Masse mit einer Eisenstange beim Löschen der "Steins" in den Mix gerührt. Das Rühren fortgesetzt, bis der gewünschte Effekt wurde erreicht und dann in Formen gegossen und in der Regel in Form von Bars abkühlen. Kleine Einzüge wurden zerkratzt, in den Boden zu dienen wie behelfsmäßigen Formen und das daraus resultierende Amalgam Fingerbalken genannt wurden. Diese waren Metallstangen klein wie ein Finger und daher der Name.

Die Athanor wurde der Ofen der Alchemisten. Sogar die Asche waren nützlich für verschiedene Zwecke, wie wir in diesem Buch gesehen haben.

9 ALCHEMISTISCHE EDELSTEINE

In meinem alchemistischen arbeiten oder Studien begann ich zu experimentieren in der Kalzinierung von Eichenholz. Ich habe einen Holz brennenden Kamin, in dem ich versuche, nur Holz zu verwenden, so dass meine Asche frei von Verunreinigungen sind. Der letzte Brand war längst vorbei und ich schöpfte, einige der verkohlten Eiche Asche. Ich legte dieses Material in Einweckgläser mit Deckeln, es für mein Studium sauber zu halten. Ich kaufte eine neue Kasserolle mit Deckel für etwa fünfzehn Dollar bei meinem lokalen speichern und dann ich einige der Asche zu einem feinen Pulver gemahlen, in eines meiner Glas-Mörser und Stößel. Ich habe dieses Material in die Schüssel und in meinem Ofen gebacken, für ein paar Stunden bei rund 300 oder mehr Grad. Ich den Ofen ausgeschaltet und ging zu Bett. Ein paar Tage später ich es für ein paar Stunden gebacken, ich wiederholte diese Prozedur ein paar Mal und jedes Mal bis ich auf die höchste Temperatur backen war, das meine Erdgas Holzofen machen würde die Hitze erhöht. Ein paar Stunden hier, ein paar Stunden dort, die Hitze erhöhen. Eines Tages erwartete habe ich entfernt den gekühlten Deckel um zu sehen, was ich hatte, ich, leicht graue auch kalzinierte Asche zu sehen... Aber wenn ich zuerst meine Asche gesammelt, einige von ihnen schwarze Brocken von verkohltem Holz, die ich zu einem feinen Pulver gemahlen hatte waren, nun wieder einmal hatte ich einige Brocken aus schwarzem Material sah aus wie es zurückgekehrt war an die Bedingung, die es in gewesen, bevor es, zu Pulver gemahlen wurde... interessant. Es gab ein Unterschied jedoch, diese Stücke waren geformt wie Quadrate und Rechtecke und erinnerte mich an großen geschliffenen Edelsteine durch die Größen und Formen, aber sie sahen wie verkohlten schwarzen Klumpen. Habe ich beschlossen, ich würde diese wieder in meinem Mörser und Stößel zermahlen, waren sie sehr, und ich meine sehr, schwer zu brechen. Ich hatte Angst, dass meine Mörser und Stößel erste brechen würde, aber ich es endlich geschafft, eines der Stücke, die viel härter als Holz zu knacken. Ich fing an zu betrachten, Holz, Asche, verkohlte, Kohle, CO_2, Wärme und dann dämmerte es mir. Die alten Alchemisten wurden gerüchteweise verbreitet, um die Fähigkeit, große Edelsteine von erlesener Schönheit zu schaffen. Und dann in diesem Moment machte es durchaus Sinn wie sie hatte die Entdeckung gemacht, so einfach, durch Zufall wirklich. In dieser Studie der Natur scheinen gerade die Geheimnisse in den Besitz der fleißige Verfolger fallen. Solche einfachen Entdeckung. Die Schriften von Theophrastus Paracelsus bieten einen Einblick auch in die Färbung alchemistischen Steine. Metallische Bhasmas, Auszüge aus metallischen Erzen, ja die Philosophen Steinen aus den Höhlen der Metalle und erhaben durch die Hände der Männer. Durchdringt mit Farbe, Feuer schöne Schattierungen von blau, grün, Azul, wie das Gold in einen klaren Stein erinnert mich Topas, die Brillanz des Diamanten, die schön rot des Rubins gefärbt durch Eisen (Flamels Gott des Krieges) und die schiere Eleganz des Smaragds vermittelt. Die alten waren auch geglaubt, um die Perlen mit der Absicht, die sich daraus ergebenden Tinktur mit größeren erstellt oder wertvoller Perlen lösen können. Hier ist ein bisschen von der Goody, die ich in meiner Forschung gefunden, die hier gut passt. Die Königin von Ägypten Cleopatra soll Perlen im Essig aufgelöst haben, vor der Einnahme eines Teils der daraus resultierenden Tinktur die sie geglaubt, um medizinische Qualitäten oder irgendeine Art von gesundheitlichen Nutzen haben. Dies bietet eine gute Portion hier wie im Altertum ein Werk schaffen alchemistische Perlen begonnen haben könnte.

10 THEORIE DER ZEITREISE

Die Zeit wird gemessen, wie die Erde um ihre eigene Achse dreht. Eine Umdrehung entspricht grundsätzlich 24 Stunden oder einen Tag. Wie dies, die Erde geschieht dreht sich auch um die Sonne ist das Zentrum unseres Universums in gegen den Uhrzeigersinn. Auf diese Weise wird die Zeit voran. In einem Jahr kann Licht reisen etwa 6 Billionen Meilen entspricht einem Lichtjahr. Erdjahren und Lichtjahre sind unterschiedlich gemessen und so im Raum zu reisen ist, in der Zeit reisen. Da die Erde dreht sich gegen den Uhrzeigersinn, wenn ein Handwerk oder "Objekt" umkreisen die Erde in die gleiche Richtung während der Fahrt mit der Geschwindigkeit des Lichts, es würde theoretisch in die Zukunft reisen. Wenn das Handwerk mussten umkehren würde dies zurück in die Vergangenheit reisen betrachtet werden. Ein weiterer interessanter Punkt zu berücksichtigen ist, dass manchmal Flugzeuge von einer Zeitzone in eine andere fliegen, Stell dir vor, heute Abend verlassen und Ankunft gestern Morgen, nun multiplizieren Sie diese mit über hundert Millionen Mal durch die Erhöhung der Geschwindigkeit.

Steven und Belle.

MATHEW 5:13

[13] Ihr seid das Salz der Erde: aber wenn das Salz seinen Geschmack verloren haben womit soll es gesalzen werden? Es ist fortan gut für nichts, sondern ausgestoßen zu werden, und unter den Füßen der Männer getreten werden.

[14] Ihr seid das Licht der Welt. Eine Stadt, die auf einem Hügel liegt, kann nicht verborgen werden.

[15] Auch Männer eine Kerze anzünden, und legte es unter einen Scheffel, sondern auf einen Leuchter; und es gibt Licht für alle, die im Haus sind.

Das Grab von Nicholas Flamel zeichnete sich mit seltsamen alchemistischen Symbolen die Menschen nicht begreifen konnte, und dazu gehörten eine Sonne, über eine Taste über einem Buch. Die Sonne steht für die alchemistische Sonne, eine Pyrit-Sonne, Eisen-Pyrit-Kristalle. Die zentrale stellt weißen Essig, und das Buch ist das Buch von Abraham Eleazer.

ÜBER DEN AUTOR

Einige haben die Frage gestellt, wenn Sie das Wissen der Alchemie entdeckt, warum würden Sie es mit der Welt teilen und nicht nur halten Sie es für sich selbst?

Sprüche 3:16
Gesegnet sei er, der Weisheit findet;
Denn sie ist kostbarer als Perlen;
Und nichts, das Sie sich wünschen im Vergleich mit ihr;
Länge der Tage ist in der rechten Hand;
Und in ihrer linken Hand sind, Reichtum und Ehre;
Ihre Wege sind angenehm;
Und alle ihre Pfade sind Frieden;
Siehe, Dianna vorgestellt.

S.A.S. 2016.

www.howtomakethephilosophersstone.com

www.ingramcontent.com/pod-product-compliance
Lightning Source LLC
Chambersburg PA
CBHW021446170526
45164CB00001B/421